Artistic Furnishings **格调家居**

素色风

Plain Color Style

北京吉典博图文化传播有限公司 编

海峡出版发行集团
THE STRAITS PUBLISHING & DISTRIBUTING GROUP

福建科学技术出版社
FUJIAN SCIENCE & TECHNOLOGY PUBLISHING HOUSE

U0351664

CONTENTS

黑白相配
演绎时尚前卫

项目地点： 台北市

建筑面积： 157m²

设计师： 马健凯

设计理念：

室内皆以暗柜处理来整合各空间的置物功能，开启大门，纵向迎来明亮光感，镜面、石材一体成型的宽敞立面，临窗之处"折"出导角，将平面加以立体化。

相互呼应并彰显品位的家具，是简约背景的重心之一。看来不切实际的想法，却能化作具象的真实形体或直接提升为主角，如冲破书房界线延伸而出的不规则 3D 边几，有着钻石导角切割的抢眼外形内藏有置物功能，超乎常人对框架的想像与限制。

玄关入口的大梁被修饰美化，一切动静交融于透明屏风的光感氛围里，在线条绽放的张力之下，全场的开阔性一览无遗，不受高度、空间限制的立体感，以及天花板上升的斜面线条、虚实转换的层次铺排更加明晰。

不规则主题的造型椅，独一无二的订制餐桌椅组合，不但塑造每个场域的焦点，更以概念相通的设计语汇，呼应并融合各个视角内的精彩。

远离喧嚣
宁静而圣洁的空间

项目地点：哥本哈根市

建筑面积：320m²

设计师：乔恩·白重

设计理念：

本案从空间的开放性与延续性开始思考，在色彩与材质间进行了大胆的尝试，"清雅"二字成为设计的主线，努力寻求一种演绎着现代都市生活之柔和流畅的轮廓与简约的几何造型装饰的新空间。简洁的造型，丰富的细节，柔和的灯光，素雅的色彩，让人们尽情地回味着空间的活力。大面积具有装饰肌理的背景墙配以纯粹的几何形态，任何其他形式的点缀都会徒生多余。整体的视觉效果现代而不失根基，品味高雅而不嫌繁重，细致的设计和优质的质量融为一体，是诗意与理性的完美结合。

空间、色彩、灯光、配饰将您带入一个圣洁的天地，毫无多余的装饰，犹如纯净的天空，宁静而致远。

通过不规则的几何线条组合 产生强烈的韵律感

项目地点： 台北市
建筑面积： 180m²
设计师： 杨焕生

设计理念：

以一个旅行作为开端的设计主轴，让住宅不单只有家的温馨感，还试图营造出旅游地住宿的不同环境与心情。

利用特定元素造型与材质置入空间，以隐喻的手法表现实体，降低一般"家"的生活感，得到宛如饭店般的度假享受。

新中式风格的美学

项目地点： 深圳市

建筑面积： 350m²

设计公司： 新西林设计公司

设计理念：

整个别墅的设计，给人一种优雅飘逸的感觉。设计师用一种独特的方式，讲述了一个凝聚东方美学的动人故事。入口是宽敞的迎宾厅，玻璃天花把室外光线引入室内。两把样式简洁、精致的白色明式圈椅，配合中国画装饰的墙面、做工精致的木雕花格透光屏风门等装饰，一下子把人从喧闹的都市中带进一个稳重、尊贵的大户人家，让人有一种全新的思考，让心灵自然沉淀下来。室内装饰及家具融入了前卫的元素，赋予空间新颖、时尚、儒雅的风范。每一件饰品的摆设都体现出设计师匠心独运的精巧构思。

设计师努力去理解中国的建筑、家具、书画及民间艺术品及其文化内涵，并将之运用到现代设计中来，把中国的古典文化元素和西方的理性设计元素巧妙地融合在一起。

整体显现出十足的现代感，各功能空间简洁明快、清爽且细节饱满。各种中式元素贯穿始终，空间传达出中式设计独有的语言。

保留未被触摸的
历史元素

项目地点：新加坡

建筑面积：350m²

设计师：玛利亚·阿朗戈

设计理念：

在这个空间内有许多未被触摸的历史元素，保留历史是这个空间的本质精髓，并且能够为现代化的室内提供古色古香的对照。这处被保留的房子与大多其他房子的区别要点在于非传统的布局，它将厨房独立起来，大多数聚会围绕着食物举行，这一安排使得客人们在主人烹饪的时候不经意地与主人互动。考虑到这栋房子将被租用，因此它采用了中性的色调，以便适用于不同的租用者。

竹子是遍布房间的元素，从前院的花园一直延伸到房间里面的风棱石景观。

ARTISTIC FURNISHINGS PLAIN COLOR STYLE

现代与极简的设计语言诠释都市年轻人的生活态度

项目地点：广州市

建筑面积：110m²

设计师：彭征 史鸿伟

设计理念：

在本案中，设计师试图表达一种契合现代年轻人的生活态度，一种更为自由、张扬、喜欢冒险和随性的理念。在设计上使用错位、延伸、对比的手法，使整个空间在视觉上极具冲击力，同时不失和谐，力求以极简、创意回归美的本质，达到人与自然的浑然一体。

航海属于一颗颗勇于创新和烂漫好
奇的心，与旅途风景的一场场邂逅
都会让人产生莫名的感动与惊喜。
那一抹"蓝"贯穿着家的始终，牵
动着那颗驿动的心。

以白色配合新古典的手法 自然地营造出浪漫与典雅氛围

项目地点：台北市

建筑面积：140m²

设计师：杨焕生

设计理念：

设计师透过巧思的蓝图，创造出让家人更舒适与亲密互动的环境。当开启窗户远眺青山，自然清风进入屋内，餐桌上点缀的绿意与远山的景观相辉映，让心灵自然而然地沉浸融入其中。

以白色为基色的设计，加上映入眼帘的水晶吊灯，显现出浪漫与典雅的气质，客厅与餐厅视野延伸到户外的远山。牛皮沙发的细腻工艺，搭配烤漆单椅的点缀，使得浪漫与时尚紧密地融合。在实木雕刻餐桌与透明亚克力餐椅的创新结合之下，现代与浪漫、优雅的气息巧妙融合。

从客厅落地窗就可看到户外的人行道旁的树木摇曳生姿。

客厅沙发背景墙延伸转折与落地窗墙面的
延续，让视野延展到户外。电视背景墙面
贴饰银狐大理石，彰显空间内敛的大气。
天花板的多层次与细腻雕刻工艺的点缀，
让空间更添优雅极致的气息。

主卧延续白色元素，添加细腻的雕刻花纹与隐藏的间接灯光，让人睡眠时也能享受浪漫静谧的气息。浴室的隐藏拉门，运用镜面玻璃的镜射让卧室更添宽敞感。

书房与小孩房的空间规划——本案将旧有的既定空间瓦解，原本狭小的二个空间，利用隐藏式拉门，将其融合成为一个互通宽敞的空间，使得亲子阅读与游戏的空间更加拉近，即使未来添加新的成员，也能灵活运用。

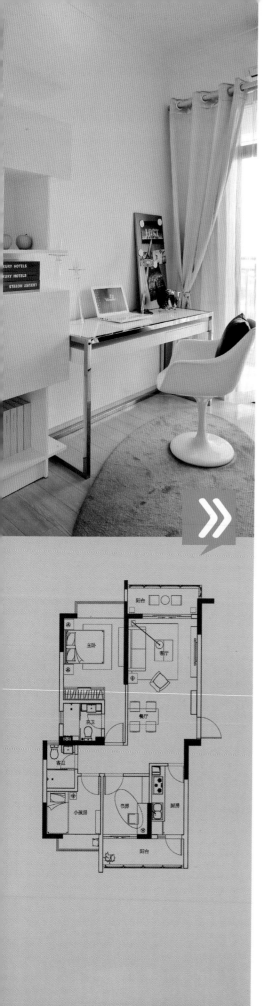

整个空间结构、功能、界面完整流畅

项目地点：广州市
建筑面积：110m²
设计师：彭征 史鸿伟

设计理念：

本案在构图上由整个空间基本元素演化而来，同时又有所突破。用纯净、简洁、明快、时代感极强的设计手法来定位空间气质。家具选择形成了有秩序感的面与线的对比，同时也是线与面的过渡性装饰，使空间结构、功能、界面统一而流畅。卫生间与餐厅运用隐藏式拉门加上镜面玻璃，反射出空间的宽阔与户外的美景，当厨房的隐藏门被打开，女主人在做菜的同时可享受着各方向吹来的风，空间完善的规划让空气对流更顺畅。

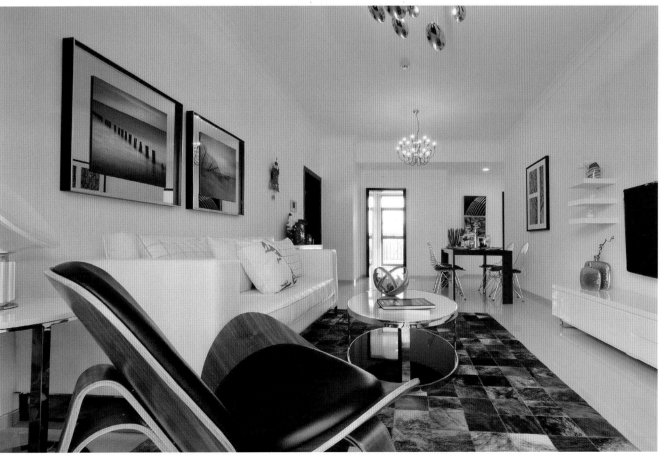

家具的色彩与质感在空间中起到了画龙点睛的作用

项目地点：台北市

建筑面积：180m²

设计师：袁筱媛

设计理念：

与业主沟通的过程中，我们发觉业主对于手工制作的技法略感兴趣，所以考虑融入具有手工艺感的设计造型，并与居家生活应有的放松感取得一定的平衡，我们建议将色彩与材料质感由家具来呈现。最主要的设计概念为公共与私密的区分，基于本身空间有限，我们希望能通过设计让空间在视觉上放大，最后决定将空间一分为二，利用电视墙面造型延伸至客用卫生间，整体空间视线由客厅往厨房延伸，透过管线规划使天花管线集中，尽可能地大面积保留原顶，藉由提高空间尺度以及视觉延伸至厨房的方式，扩大公共空间的视觉感受。

因整体空间为白色色调，我们采取今年较流行的撞色处理，大地色系的鲜绿色地毯、抱枕与白色空间产生鲜明的对比，黑色的沙发则体现了主人的个性与空间稳定性。我们还特地去寻找绿色草皮样式的懒骨头沙发作为点缀，从家具样式、画饰到单椅造型，皆体现出了空间的和谐统一。

整体空间以客厅电视墙为设计重点，
我们参考古典线板样式，简化并重新
调整比例后，将不同尺寸之线板组合，
以一定比例重复拼贴，塑造线条感。
不落地的设计则是降低房间的存在感。

各种摆件的运用 丰富质感的同时彰显品质生活

项目地点：广州市

建筑面积：120m²

设计师：彭征

设计理念：

朴素的墙面漆，粗犷的毛毯，细腻的玻化砖地面，还有生动的摆件等，丰富的质感让人在宁静中享受精致的感动，在彰显户型优势及满足使用功能的同时，兼顾日常生活的乐趣，营造快乐生活的意境。

清晰的线条与洁白的表面相辅相成

项目地点：罗马

建筑面积：270m^2

设计公司：桐本设计事务所

设计理念：

为了使客厅、餐厅、卧室、厨房和卫生间彼此拥有更开阔的空间，设计师并没有对空间进行有规律的划分，而是设计了一个连续的生活空间。将门和墙在空间中出现的频率降到最低，将有限的墙体进行合理的装饰，使其成为室内景观的一部分。可以滑动的金色反光柜子不仅可以作为大厅的门，而且可以挡住后面的卫生间。

半封闭的露台为卧室提供了一个更私密、更亲切的空间，同时也为整个房屋提供了自然通风，并成为生活空间的一部分。

浴室内的玻璃板加大了浴室自然光线的亮度，提供了良好的视野。洗手台的回转形成了一个小小亮点，丰富了空间的构成。清晰的线条与洁白的表面形成高度的统一。

北欧现代设计灵感的完美演绎

项目地点: 意大利
建筑面积: 320m²
设计师: 雅格布·马赛依

设计理念:

悠闲与舒适是该居家空间的表现主题。设计师精心选择的家具、摆件、浮雕、纤维艺术品等,都在这里得到了展示与升华,丰富并提升了空间的格调与品位,在空间中散发出无穷的魅力。

设计师在规划空间时，致力于压力的释放与丰富生活的表现，并使东西方文化符号在这里碰撞，以明亮开阔的方式重新诠释空间的生命。

柔和舒适的浅暖色调，贯穿在每个空间中，这是对北欧现代风格的重新演绎。宽敞的浅色调卧室同样使人身心愉悦、舒适而惬意。

极致品味中彰显设计质感与深度

项目地点： 牡丹江市

建筑面积： 160m²

设计单位： 黄上科空间设计事务所

设计理念：

从一进门的玄关就感受到空间的大气，整面的大型落地茶镜，除了可当出门前的穿衣镜，也有放大延伸空间感的效果。公共区域的客餐厅采用开放的形式规划，利用天花板的间接光源框出使用区域，空间无视觉障碍，整面落地窗增强了空间采光。除了开放的公共空间可供多人聚会外，还在半开放的厨房特别规划了吧台，给予空间更多使用的变化。

茶镜门片后隐藏有大型收纳鞋柜，发挥强大使用功能。茶镜对面使用集成板规划了一间储藏室，不但解决收纳需求，集成板温润的色泽及细致的纹路，在空间里大量的深浅颜色之间做了适度的过渡，也为居家营造温馨的氛围。

多功能休憩书房也采用玻璃镜面拉门设计，开放时书房成为公共空间一部分，也可单独成为私密空间。

以华丽的新古典主义风格衬托空间的层次变化

项目地点：台北市

建筑面积：90m²

设计单位：黄上科空间设计事务所

设计理念：

由于此房子是作为家人度假用的住所，因此业主要求设计出休闲且有质感的风格。设计师了解了男女主人的喜好，从其所挑选的家具入手，并延伸至整个空间设计，以相互搭配。从一楼的深黑色精品时尚沙发开始，到进口复古仿金箔壁纸、卡其金窗帘及黑檀木钢琴烤漆茶几、进口吊灯、立灯、专业视听音响器材等家具，编织出独特且低调华丽的现代都会时尚风格。二楼客厅搭配美式风格家具、进口灯具及收藏的工艺品，时尚奢华的新古典设计风格正一点一滴带出居住者的品位。

为让空间变化更富层次感，因此在客厅主墙以极富古典线条的线板来表现壁炉造型，又希望空间能在古典中不失现代感的简洁。

此古典造型壁炉能突显其白色线板的优雅气质。天花板的设计，也以极为精致的线条刻画出新古典风格细致的美感。

简洁的设计感打造属于自己的空间天堂

项目地点： 台北市

建筑面积： 38m²

设计师： 谢宗益

设计理念：

屋主是在家工作的 SOHO 族，除了休憩空间，也需要工作室、瑜珈室、猫咪的独享空间。因此在有限空间中设计出多功能空间，是设计师必须面对的考验。与楼梯相互呼应的电视墙采用茶镜、木作悬空柜，搭配间接光源，空间更显明亮丰富。沙发背景墙与弧形天花板一气呵成，中间内藏间接光源，营造出简洁优雅的空间气氛。而白木隔栅，也是猫咪穿梭其间的专属天堂。

简单的灰白色，带着低调氛围，没有太多复杂的花样色彩，却在许多小地方别具巧思地贴心设计，让空间更加柔美，这样低调温柔的家，想必能带给家人轻松、舒适与安全感。

具有超强收纳空间的楼梯，以玻璃、木作、颜色交叉运用，做不规则的几何造型设计，楼梯顿时显得轻盈富有动感。与楼梯相互呼应的电视墙采用茶镜、木作悬空柜，搭配间接光源，空间更显明亮丰富。

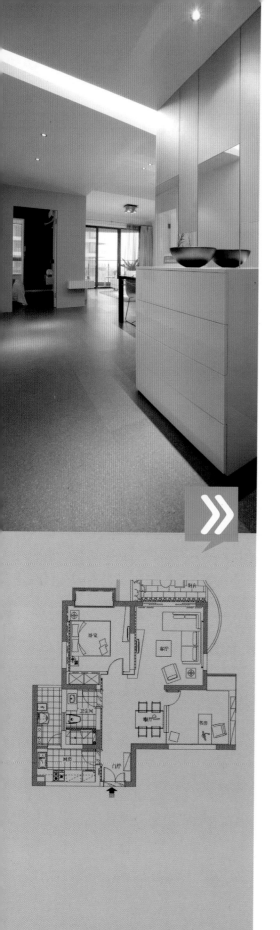

简洁的设计语汇奉献出极具张力的视觉盛宴

项目地点：杭州市

建筑面积：88m²

设计单位：萧氏设计

设计理念：

设计师采用了白色为基调，充分运用玻璃、光影等设计手段来营造明亮宽敞的视觉效果。比如位于进门处的餐厅，与书房、玄关相连的两面墙分别处理成玻璃和镜面效果，拉高且拓展了空间感，再配上白色雅致的时尚餐桌、椅凳、餐具以及明亮的聚光灯，使得原本狭小的就餐空间变得宽敞、通透、明亮。书房的设计也尽显现代简约之美，书柜、书桌、椅子均为白色，式样简洁，线条圆润流畅，装饰画以黑色边线点缀，透着简约、理性、雅致的美，给人以深刻印象。

餐厅与书房之间的玻璃隔断，造型简洁，配饰新颖，拉上纱缦又自成一世界，这样的创意对餐厅良好的视觉效果起到画龙点睛的作用。

卫生间的设计简洁、雅致，时尚个性突出，所用卫生洁具品味高雅。而卫生间门边墙上的现代抽象派装饰画新颖美观，与整体空间统一风格，让整个房间体现着一种和谐美。

卧室的设计体现着现代雅致主义的理
念，在具体的界面形式、配线方法上，
接近新古典风格，细节精致，色彩和
谐。

用装饰语言打造简约中式风

项目地点：杭州市

建筑面积：88m²

设计师：萧爱彬

设计理念：

本设计运用了新东方的元素结合了现代风格的弧形设计，使空间连贯流畅，具有变化性。所有的装饰浑然一体，再加上中式云纹、花格等元素，使空间更具有东方的韵味。云纹增加了此空间的内涵，而花格的木色柔和了空间，使白色不再显得单调乏味，反衬出优雅的云纹，起到了画龙点睛的作用。同时也增加了整个空间的中式感觉。

白色的纯净加上中式的元素，打造了
一个另类的新东方风格卧室。

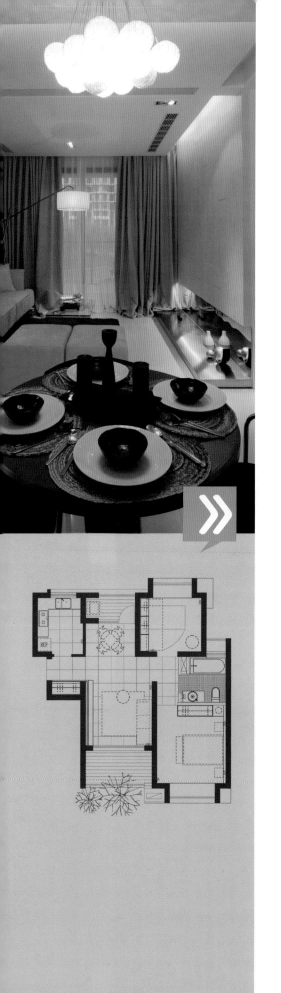

光线与空间的交融透露出简单的奢华感

项目地点：上海市

建筑面积：74m²

设计师：赵牧桓

设计理念：

本案坐落在上海的公寓楼高层，是一个小坪数的典型两房两厅的小家庭住家。其实，处理这样的小空间倒也满有趣，既要满足机能并要在设计上有某种程度的创新和突破，又不能妥协自己对美感和空间的要求，所以，尺度上的拿捏和找到这些错综复杂因素的平衡点，就变得很关键。

主卧装饰是舒适的，柔软的基调
让人就想赖在床上多享受一会儿
静美时光。

客房订作了可伸展的沙发床，平时可
兼作读书用的小小天地。

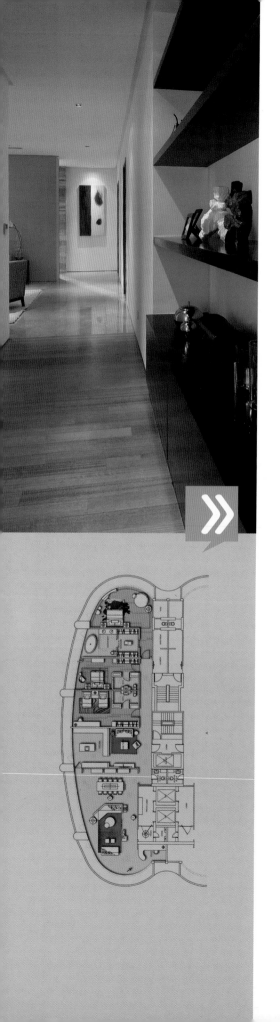

透过细节设计彰显低调与精致

项目地点：吉隆坡市

建筑面积：300m²

设计团队：BBFL 沙菲益 鲨鱼

设计理念：

本案位于吉隆坡城市中央，可欣赏到双子塔的壮观景色，是针对高端家庭和外籍人士设计的，以低调的优雅精致和朴实无华的内饰为主要设计方向。

主要墙面以静音银钙华石、白蜡木贴面，选用一系列面料柔和的家具来布置。每间房都采用个性化装饰风格，装饰配件是业主到全球各地旅游带回的收藏品。

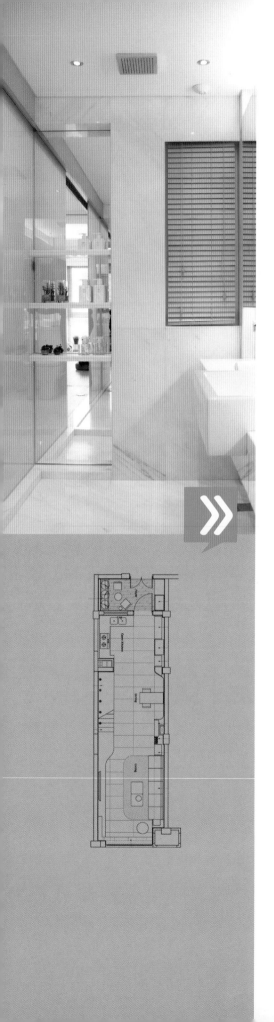

保有建筑风格的同时使其功能性得到更大程度的利用

项目地点：无锡市

建筑面积：80m²

设计师：王士和

设计理念：

设计概念以两面"功能墙"为核心。一层及二层所承载的各种不同功能被植入墙内，或从墙内向外延伸。这些功能包括了储藏柜，工作台，展示架，书架，酒柜，餐桌，沙发，床架，软木墙等等。这样的设计语言能够将原本零散的功能部件整合成一个较统一的形体，让空间结构显得更加整体，扩大视觉范围，并让户型更有特点。

与功能墙相对的另一面墙体则更偏向展示功能。为各个房间所设计的展架及矮柜，能够让用户随意摆设各类型的收藏展示品，并让空间成为体现住户个性及品味的舞台。

钢板踏步转折至楼梯下方，演变为展示架，将原本没有功能的异形空间改造成为富有层次感的展示区域。

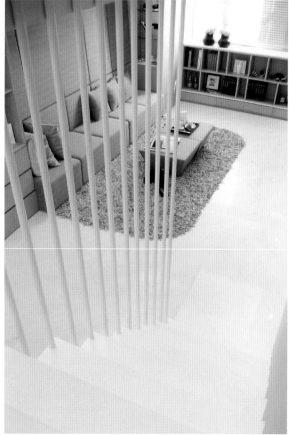

精致舒适的感觉充满了整个空间

项目地点：新竹市
建筑面积：80m²
设计师：陈煜棠

设计理念：

本案重视生活的本质，而非空间的表面形式，唯有空间与使用者生活情感能产生共鸣，空间的存在才有意义。在设计的过程中，设计师不只在定义空间，也在创造空间的意义。在专业的设计上，以材料、比例、色彩、光线等元素的搭配，创造出美学与机能兼具的完美空间。

入口玄关处，设计师规划了独立的衣帽柜与储藏室，提供居家完整的收纳空间；客厅以简单的大理石电视墙打造出宽阔的空间感。

格调家居素色风   ARTISTIC FURNISHINGS PLAIN COLOR STYLE

因女主人长时间在家工作的需求，书房区以铁件搭配清玻璃隔间，营造出具穿透性、明亮清爽的开放空间质感。

儿童房以门片上的白蓝色系大小圆形增添空间活泼感，免除过于成熟的电视墙设计，打造出宽阔的空间感。

简约而不简单的新都市奢华感得到更好的诠释

项目地点：台中市

建筑面积：68m²

设计师：陈煜棠

设计理念：

本案是位于台中市的新成屋设计，作为屋主度假用居所，具备自住与投资的双重性能。因此设计师以避免过度装修为原则，运用巧妙细腻的设计手法展现出豪宅宽阔的空间感。

客厅以灰白色系为主，电视墙以精准的线条分割比例呈现，凹面、凸面、直角、与斜角各元素的交叉运用，展现出独特的设计感。电视墙左侧以灰黑色系的健康砖与天花板的黑镜线条相互呼应，以简单的线条勾勒出空间的整体质感。电视台面则以简单的大理石台面搭配纯色抽屉矮柜，不仅提供储物功能，也更衬托出电视墙面的线条设计感。入口玄关处以同色系大理石与玻璃夹纱作为空间区隔，玄关右侧的鞋柜延续至客厅电视墙右侧的储藏柜，提供必要的储物空间。

餐厅搭配简单的餐桌与玻璃吊灯，展现简单清爽的氛围。餐桌旁的餐具柜与厨房中岛提供家庭丰富的储物空间，餐厅天花板延伸至厨房，环绕的黑色玻璃与客厅天花对话，搭配间接天花灯光，提供餐厨合一的空间感，也营造家庭聚餐的温馨场域。

卧室床头以大小块状分割处理，灰色系的表布与窗帘呈现出空间的沉稳氛围。依照建筑体零碎空间设置的更衣室隐藏在大片拉门后方。

书房以铁作透明拉门搭配玻璃夹纱，整片的书架展示柜搭配单椅，提供屋主隐秘的阅读空间。

流畅的线条营造出丰富的空间层次感

项目地点： 南京市
建筑面积： 107m²
设计师： 黄译

设计理念：

纯净洁白的写意空间，逃脱既定或豪华的框架，呈现随性而无拘无束的圆融，是这套家居设计的定义所在。

空间设计不在于坪数大小，而在于巧妙规划使用者的需求，取得最顺畅的动线以及视觉的宽散感。厅内长型的空间被一简洁利落的吧台巧妙划分，而过道内的玻璃隔断又为光影准备了舞台，这些趣味性的功能恰满足了屋主对过渡空间的需求。这里的纯白并不单调，家具的设计都充分结合了建筑环境的语言，没有一丝累赘，为白色的空间营造出层次感。

一入玄关即可发现，清镜和玻璃隔断作为空间延伸开拓视野的关键，直接及间接地引光线入室，充分迎合了屋主的生活方式；而信手拈来的树木将空间融合，又以自然的气度挥发。

简洁、纯白，与世无争，阳光点亮一室灿烂，置身繁闹的城市居所，也能享受如此闲逸舒畅的氛围。

大面积落地窗的使用
让空间更具张力

项目地点：新北市
建筑面积：72m²
设计师：马健凯 李宗展

设计理念：

"与众不同"，这是屋主对于新房子设计的唯一要求。向来对于空间向度与造型美学搭配有着丰富设计能量的马健凯与李宗展设计师，以崭新的规划手法，创造玻璃屋优美的意象，呈现时尚前卫的空间表情。

一楼区块大刀阔斧拆弃藩篱，开放式的语汇让客厅、餐厅、厨房、书房及休憩区保持穿透及放大感，使用线帘及珠帘作轻型的隔间处理，隐约融入迷人的低调奢华质感。餐厅全镜面主墙，客厅黑色沙发搭配灰色茶几的色调演出，书房与厨房的黑白演绎，呈现出令人激赏的不凡张力！

客厅6米高的挑空设计，自天花板回旋而下的大型水晶吊灯，加上从电视柜朝上延伸展开的大理石主墙，铺叙空间的垂直感，创造绝对气派的空间内涵。

黑与白的结合给人一种
深邃、宽敞的感觉

项目地点：台北市

建筑面积：72m²

设计师：马健凯

设计理念：

黑白配色是服装、精品、室内设计都非常喜欢运用的配色，但这个单一理念还能施展出什么空间风貌？由马健凯设计师所设计的本案，再度写下黑白配色的新传奇。透过冷调材质、光影设计、延续性等手法的极致运用，将黑与白的空间层次推向丰富多元的表现。

以玻璃、灯光完美演绎的发光精品柜，制造出光盒意象，作为入门后第一个视觉焦点。黑色烤漆加灰镜以"冂"字型包覆成时钟墙，入内为半开放式厨房，右侧则为简易用餐吧台区，面对以玻璃围合的书房，透过材质与色彩搭配，充满现代感。玄关与客厅之间以激光切割，搭配同属线状造型的尤加树，适度处理视觉缓冲，并且保有通透性。

客厅空间藉由许多面与线的构
筑，以黑烤漆玻璃作延伸，利用
黑、白与灰的交错，形塑独特前
卫的空间语言。

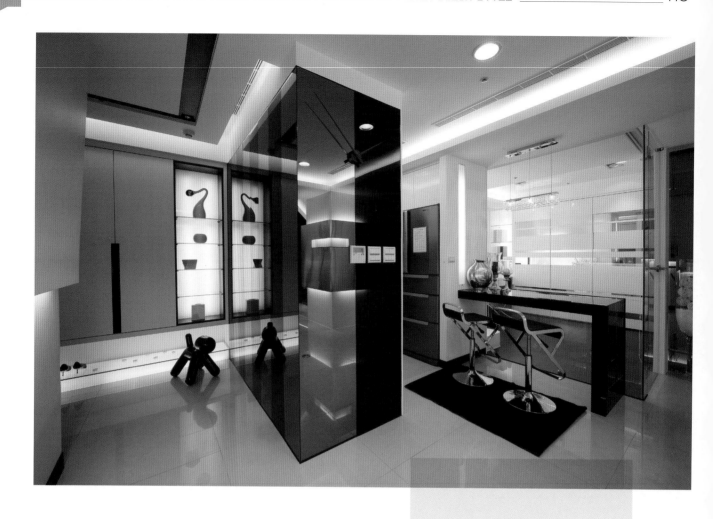

书房可兼作客房使用，透过镜面、玻璃作几何线条切割的白色墙面，视觉效果引人注目。

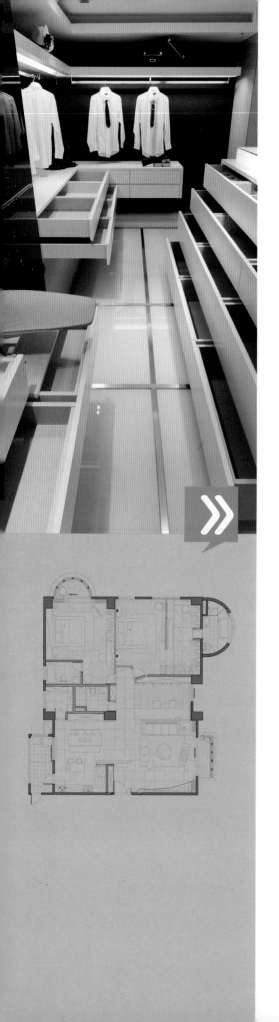

多层次的建筑结构使空间更添时尚、精致之感

项目地点：台北市
建筑面积：53m²
设计师：马健凯

设计理念：

扭转的亮面不锈钢屏风，弯曲着舞动如水波激滟，新潮前卫的创意加工，设计师在年轻人的居住空间大玩时尚。多处点缀亮面以及毛丝面不锈钢，折射光影的嬉游动线，时而绽放的冷光穿梭于白色端景墙，宛如炫光效果的夜店舞池；更衣室的LED七彩变幻地板，让开放式更衣间变成个人秀的时尚伸展台。

不规规矩矩的弧形层次，在家具上找到主题的延续；赏玩不锈钢的创意扭转时，在弯曲面绽放美丽波光，柔化了材质的阳刚味。年轻人喜爱的设计元素，设计师将其加以变化创新，黑白前卫的时尚风潮，以让人柔软轻松的感受来调味，创造住宅空间独一无二的特殊性。

导出三个层次的电视墙，向中央渐窄的深度，差异化的角度延展，三个段落向上连接天花线条，轻松带出居住者的漫游脚步。

创意的线性动态，延续至书房一体成型的书桌，以客厅茶几为起点，一气呵成地利落上扬、转折、延展，流畅地定义出客厅、书房的分界线。

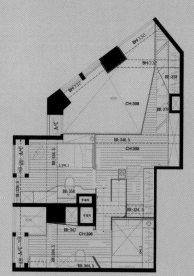

自然的色调与利落的线条 使空间更具透视感

项目地点：台北市

建筑面积：53m²

设计师：马健凯

设计理念：

光厅暗房、格局方正是中国传统居家的设计观念，也是现今室内设计师所奉行的设计圭臬，马健凯设计师突破传统的设计藩篱，不仅保留现有不方整的屋廓，并在夹层处规划与之呼应的斜切线条，压低台度，以多面采光照亮一楼场域，并穿透二楼的清玻璃扶手栏杆至后方的卧房，颠覆传统的设计线条，交融出一个新人文日光空间。

延续楼梯玻璃扶手的穿透感，夹层的扶手栏杆皆以清玻璃保留视线穿透，向阳处的展示柜及衣柜立面辅以照明光源点缀出美丽的端景视野。

都市净透空间的完美体验

项目地点：南京市
建筑面积：143m²
设计师：李光政

设计理念：

有时候家的装修和设计就类似于一个摆积木的游戏，理念和技术都在其中发挥着很重要的作用，有些人玩到最后就黔驴技穷了，而好的设计师深谙游戏规则和房屋装修设计的规律，因此总能给人带来意外之喜。在此空间里我们会重新发现本色与无华带来的静默震撼与恬静之美，从来无法替代，因为它透露着对生活的深刻领悟。房屋以追求舒适为前提，其次就要赏心悦目，充满质感的皮质沙发带给人舒适的生活体验，而窗明几净通透的空间格局才让居住其中的人感到神清气爽。好的空间总是让生活回归本真，在好的空间里，人与阳光、空气，以及人与人的交流都是水乳交融的状态。在此纯净的空间里拥有着平静的生活，坚持传统同时又追求品质，现代风格的几何印象，在这里交错渐变，完美空间，就此为您呈现。

融会贯通的空间让空气流动在方寸之间，精致的妆容，充满设计感的格局，都让本作品流光溢彩。

运用不同素材打造舒适空间

项目地点：台北市

建筑面积：30m²

设计师：谢宗益

设计理念：

本案已是 35 年的老房子，虽有 3 面窗，但采光不足。加上旧有隔间，光线无法进入、因而空间感封闭狭隘，原属客厅和厨房的区域，完整且宽阔，应将此最佳的位置，留给使用频率最高的客餐厅。

为使老屋能拥有现代生活机能，在空间内加入温暖元素。白色、镜面等金属材质及新铺的抛光石英砖，都具有放大空间的效果。设计师试着在这些元素中，运用象征工业和自然两种对比特质的素材，添加梧桐风化木，创造空间不同风情，铺上超耐磨木地板，餐厅墙面贴明镜，客用卫浴间外围造型墙面，也利用明镜与不规则喷砂图案来装饰，创造穿透、延伸的空间视觉，让未来生活在此的一家人，都能拥有更温馨、舒适的居家生活空间。

藉由旧有厨房拆除更动位置，赋予公
共场域开阔的格局。

将开放式厨房置于餐桌边，缩短厨房和餐厅的距离，如此厨房前后两侧窗引入自然光线及空气，扫除过去原有隔间造成的压迫感。因此公共空间，都能享有舒适的空间质量。

策　　划：北京吉典博图文化传播有限公司

主　　编：李　壮

版式设计：马天时

参与编辑：陈　婧　张文媛　陆　露　何海珍　刘　婕　夏　雪　王　娟
　　　　　黄　丽　程艳平　高丽媚　汪三红　傅春元　张雨来　陈书争
　　　　　韩培培　付珊珊　高囡囡　杨微微　姚栋良　张　雷　肖　聪
　　　　　邹艳明　武　斌　陈　阳　张晓萌　魏明悦　佟　月　金　金
　　　　　李琳琳　高寒丽　赵乃萍　裴明明　李　跃　金　楠

图书在版编目（CIP）数据

格调家居素色风／北京吉典博图文化传播有限公司
编.—福州：福建科学技术出版社，2013.9
　ISBN 978-7-5335-4345-7

　Ⅰ.①格… Ⅱ.①北… Ⅲ.①住宅－室内装饰设计－
图集 Ⅳ.①TU241-64

　中国版本图书馆CIP数据核字（2013）第191659号

书　　名　格调家居素色风

编　　者　北京吉典博图文化传播有限公司

出版发行　海峡出版发行集团
　　　　　福建科学技术出版社

社　　址　福州市东水路76号（邮编350001）

网　　址　www.fjstp.com

经　　销　福建新华发行（集团）有限责任公司

印　　刷　福州德安彩色印刷有限公司

开　　本　889毫米×1194毫米　1/16

印　　张　10

图　　文　160码

版　　次　2013年9月第1版

印　　次　2013年9月第1次印刷

书　　号　ISBN 978-7-5335-4345-7

定　　价　49.80元

书中如有印装质量问题，可直接向本社调换